U0627675

科学发现跟踪

余海文 编著 丛书主编 郭艳红

动物：复杂的动物档案

汕头大学出版社

图书在版编目（CIP）数据

动物：复杂的动物档案 / 余海文编著. —— 汕头：
汕头大学出版社，2015.3（2020.1重印）
（青少年科学探索营 / 郭艳红主编）
ISBN 978-7-5658-1677-2

Ⅰ．①动… Ⅱ．①余… Ⅲ．①动物—青少年读物
Ⅳ．①Q95-49

中国版本图书馆CIP数据核字(2015)第028226号

动物：复杂的动物档案　　　DONGWU: FUZA DE DONGWU DANGAN

编　　著：余海文
丛书主编：郭艳红
责任编辑：汪艳蕾
封面设计：大华文苑
责任技编：黄东生
出版发行：汕头大学出版社
　　　　　广东省汕头市大学路243号汕头大学校园内　邮政编码：515063
电　　话：0754-82904613
印　　刷：三河市燕春印务有限公司
开　　本：700mm×1000mm　1/16
印　　张：7
字　　数：50千字
版　　次：2015年3月第1版
印　　次：2020年1月第2次印刷
定　　价：29.80元
ISBN 978-7-5658-1677-2

前言

　　科学探索是认识世界的天梯，具有巨大的前进力量。随着科学的萌芽，迎来了人类文明的曙光。随着科学技术的发展，推动了人类社会的进步。随着知识的积累，人类利用自然、改造自然的的能力越来越强，科学越来越广泛而深入地渗透到人们的工作、生产、生活和思维等方面，科学技术成为人类文明程度的主要标志，科学的光芒照耀着我们前进的方向。

　　因此，我们只有通过科学探索，在未知的及已知的领域重新发现，才能创造崭新的天地，才能不断推进人类文明向前发展，才能从必然王国走向自由王国。

　　但是，我们生存世界的奥秘，几乎是无穷无尽，从太空到地球，从宇宙到海洋，真是无奇不有，怪事迭起，奥妙无穷，神秘莫测，许许多多的难解之谜简直不可思议，使我们对自己的生命现象和生存环境捉摸不透。破解这些谜团，有助于我们人类社会向更高层次不断迈进。

　　其实，宇宙世界的丰富多彩与无限魅力就在于那许许多多的难解之谜，使我们不得不密切关注和发出疑问。我们总是不断地去认识它、探索它。虽然今天科学技术的发展日新月异，达到了很高程度，但对于那些奥秘还是难以圆满解答。尽管经过古今中外许许多多科学先驱不断奋斗，一个个奥秘被不断解开，推进了科学技术大发展，但随之又发现了许多新的奥秘，又不得不向新问题发起挑战。

宇宙世界是无限的，科学探索也是无限的，我们只有不断拓展更加广阔的生存空间，破解更多的奥秘现象，才能使之造福于我们人类，我们人类社会才能不断获得发展。

为了普及科学知识，激励广大青少年认识和探索宇宙世界的无穷奥妙，根据中外最新研究成果，编辑了这套《青少年科学探索营》，主要包括基础科学、奥秘世界、未解之谜、神奇探索、科学发现等内容，具有很强系统性、科学性、可读性和新奇性。

本套作品知识全面、内容精炼、图文并茂，形象生动，能够培养我们的科学兴趣和爱好，达到普及科学知识的目的，具有很强的可读性、启发性和知识性，是我们广大青少年读者了解科技、增长知识、开阔视野、提高素质、激发探索和启迪智慧的良好科普读物。

目　录

巨型鲸鱼之谜

抹香鲸的体态特征

抹香鲸不但个头大，捕食凶猛，其外形也很奇特，就像一个大大的蝌蚪，而脑袋就占了整个身体的1/4，看上去有头重脚轻之感。它那个大脑袋可不是空的，里面储满了鲸油，一头大抹香鲸脑袋里的油，重达1000多千克。

人们还发现，抹香鲸的油是所有鲸类中最纯净的。这样一来，抹香鲸就遭了殃，人们为了牟取暴利，肆意捕杀，使抹香鲸的数量锐减，从原来的一百多万头，减少到现在的几万头，面临灭绝的危险。为了挽救抹香鲸的命运，世界各国都制订了一些保护措施，并在海洋里划出禁猎区。

科学家的各种看法

科学家们对抹香鲸最感兴趣的还是它奇特的大脑袋。它长那么大个脑袋，是干什么用的呢？人们对此提出了各种不同的看法。

有人认为，抹香鲸大脑袋里面的脂油，起着回声探测器的作用。抹香鲸的食量很大，平均每天需要捕食300千克，它不仅白天要捕食，晚上也要进食。抹香鲸的食物主要是章鱼和大乌贼，在嘈杂的海洋世界里，如果不用回声定位法来探测猎物的方位和数量，行动就不会灵敏和迅速。而抹香鲸大脑袋里的脂肪，就像声学中的透镜体，把复杂的回声折射成灵敏的探测声束，传入耳中，这样才可让大脑作出快速准确的判断。

有人不同意以上这种说法，认为抹香鲸大脑袋里面装了那么多的油，是为了潜水用的。因为抹香鲸的食物——章鱼和乌贼都生活在深海区，它为了捕捉到更多的食物，必须延长潜水时间，脑袋里面装的那些油脂，就起到了浮力调节器的作用。这两种说法谁是谁非，还有待于进一步研究。

抹香鲸集体自杀

高度智能的鲸和海豚弃海集体登陆自杀，海洋生物学家对这一现象一直迷惑不解。

在澳大利亚，有人认为这是鲸为了躲避鲨鱼，企图在多石的海湾中找到庇护所；有人说是船舶发动时的噪声使得它们迷失了方向。

美国鲸学专家阿·格奥德教授认为，抹香鲸是一种眷恋性很强的动物。当一头抹香鲸在海滩遇难时，只要它通过定向声响系统发出呼救信号，其他同类便迅速赶来奋力相救。如果没有脱险，其他同类也不会弃而离去。正是这种长期的种群生活方式造就了它们保护同类的本性，最后酿成了它们集体自杀。

美国加州理工大学的卡西别克博士等人，通过研究发现，抹香鲸是通过磁性感觉器官来辨别前进方向的。而大海中的地球磁场分布有两种情况：一是逐步增强的磁区域，它到了海底大山等处就成了磁场极强区；二是在磁场增强区的外围有一磁场减弱区，它的临近一端是极弱的磁区域。

而抹香鲸必须经过极弱区才能游往磁场极强区附近。虽然这里的磁力极弱，会使抹香鲸的第六感官失灵，但凭着经验，在绝大多数情况下，它们会本能地继续勇往直前，到达磁场极强区附近，追捕猎物。可哪里知道有些海岸也是局部磁场的极弱区，于是在磁感失灵的情况下，抹香鲸依然本能地冲向海岸，企图游到磁场极强区。这种徒劳致命的冲撞造成了集体自杀的悲剧。

美国国立海洋渔业部门的布赖恩·戈尔曼博士，通过仔细查看自杀抹香鲸的尸体，发现它们的皮肤和嘴部都有严重溃疡，特别是皮肤又出现了同肌体分离的现象。解剖尸体后，又发现其胸腔、腹部、心脏及肺部均有红色液体。

细菌培养的结果表明，这些鲸都感染了弧菌属或其他病菌，它们的免疫功能已相当脆弱，正是这种传染病夺去了他们的生命。因此，戈尔曼认为，抹香鲸集体自杀是人类对海洋的严重污染，致使病菌迅速繁殖的结果。

科学家的又一发现

此外，科学家们还发现抹香鲸另外一个奇特之处，即它只有

下牙，没有上牙。下牙有0.02多米长，每侧有40颗至50颗，这些牙齿把上颌刺出了一个个洞。别看它牙齿长得怪，一旦被它咬住，就休想脱身。

有人分析，抹香鲸捕捉大王乌贼，不是靠它的牙齿，也不是因为它庞大的身体，而是它在捕食之前要大吼一声，这一声会把动物吓昏，然后它再慢慢品尝。事实是不是这样呢？还有待于科学家们进一步的探索和研究。

俾格米逆戟鲸是什么样的

俾格米逆戟鲸由于数量极少，加上其深居简出，时至今日，人们还很难认识它的庐山真面目。

据记载，人们只捕获过两次俾格米逆戟鲸。

一次是在1963年，在夏威夷的近海海面上。一些海洋学家意外地用渔网捕到一条俾格米逆戟鲸。但是，一个星期以后，这头逆戟鲸死了。经检查它是因呼吸道感染而死。

第二次捕到这种鲸是1970年，在南非开普敦的海滩上。当时一头俾格米逆戟鲸正搁浅在那里。人们及时把它送到南非国家水族馆中。之后过了6天，这头逆戟鲸因绝食而死。此外人们还曾两次获得死去的俾格米逆戟鲸的遗尸和遗骨。

最幸运的要算是夏威夷海洋学院的几位教师了。一次，他们

到水下拍摄有关海洋哺乳动物的电影，意外地发现了一批从未见过的鲸鱼。他们拿着摄影机在鲸群中游动拍摄。他们回来后，就拿着这个片子去请教夏威夷海洋研究所的鲸类专家纳利斯博士。纳利斯看了影片后，说他们遇到的是世界上最少见的，也是最神秘的一种鲸——俾格米逆戟鲸。

为什么俾格米逆戟鲸这么少见？它们有着怎样的生活习性？有多少种群和数量？这些对我们来说还都是未知数。

延 伸 阅 读

抹香鲸这种头重尾轻的体型极适宜潜水，加上它嗜吃巨大的头足类动物，它们大部分栖于深海，抹香鲸常因追猎巨乌贼而屏气潜水长达1.5小时，可潜至2200米的深海，因此它是哺乳动物中的潜水冠军。

海豚是飞毛腿吗

格雷怪论的产生

　　海豚可算得上是游泳健将，它平常的速度每小时可游40千米至48千米。当它全力前进的时候，就可以达到每小时80千米。这样的速度足可以让其他鱼类望尘莫及，因此人们便把海豚称为海洋里的飞毛腿。

　　但科学家们认为，根据海豚的自身特点及形体，它的游速每小时怎么也不能超过20千米。如果海豚的游速超过了它的肌肉所能承受的限度，只有在以下两种情况下才能得以实现：

　　一是海豚的肌肉具有超自然的高效率，比一般哺乳动物强6倍；二是它采用某种奇特的方法减少

阻力。

这种假说，是1936年英国的一位水生动物研究专家詹·格雷提出来的，人们便把这一理论称为格雷怪论。

格雷怪论的阐述

自从格雷提出这一怪论以来，科学家们围绕这一问题进行了广泛的研究和探讨，海豚的游速问题成了热门话题。

人们很快就证实了海豚的肌肉没有特殊的构造，当然也就不具备超自然的高效率。那么，它的超速动力源究竟来自哪里呢？

有人把研究的焦点，放在海豚那流线形的体形上。为了证实这种假说的可能性，便做了一个海豚的模型，从体型到体表都与真海豚别无二致。

另外，在模型上还安上了与海豚尾鳍所产生的推力相同的推进器。实验的结果却让人大失所望，它与海豚的速度比起来要慢得多。这一假设被推翻了。尽管如此，人们仍然觉得海豚的游速与其皮肤有关。因为海豚的皮肤很特别，光滑而富有弹性，同时它还不沾水。有人分析，它那光滑的皮肤可能会分泌一种润滑物质，用来减少水中的阻力。这一假说也被推翻了，因为经研究发现，海豚没有皮脂腺，无从分泌润滑物。

格雷怪论的证实

科学家们进一步研究发现，海豚的皮肤分上下两层，上层也就是外层，弹性很强；下层也就是内层，也有很好的弹性。上层的皮肤在受到水的压力时，会根据水压的程度而变得凹凸不平，形成很多小坑，把水存进来，这样，在身体的周围就形成了一层"水罩"。而当海豚进入高速运行状态的时候，身体振动所引起的紊流，就会在皮肤的凹凸变化中得到调整，这样就能大大减少阻力。

有人根据这种说法，研制了人造海豚皮，把它贴在鱼雷模型上，结果相当令人满意，其受阻情况比普通模型减少了60％。

可以说问题至此有了极大的进展，但人造海豚皮还不能令鱼雷模型达到让人满意的高速度。它与真的海豚皮差在哪里呢？这还是一个尚待破解的谜。

海豚的声呐

所谓声呐，原意为声音导航和测距，是利用水下声音来探测水中目标及其状态的仪器或技术。常用来搜索潜艇、测量水深、探测鱼群，是航海中不可缺少的导航设备。

这项技术是本世纪才发明的。但是这种人造声呐技术与海豚一比，就显得相形见绌。

有人曾做过这样的实验，在水池里插上36根金属棒，每排6根，然后把海豚放进去。只见海豚在棒中间游来游去，而绝不会碰到金属棒。即使把它的眼睛蒙上，它也照样畅游无阻。如果偷偷地在水池里放进一条小鱼，它就会立刻游过去进行捕捉。

人们发现，海豚在捕食时，会发出一系列探测信号。由于有了这种信号，它可以在几种鱼都存在的情况下，准确地捕捉到它最喜欢吃的鱼。

海豚之间的交流

海豚之间还有一种独特的交流方式。比如把一对长期生活在一起的海豚，分开在两个水池里，相互无法接近和看见。

然后，再用一根电话线把两个水池连起来，只要电路一通，人们就会惊奇地发现，两只海豚竟然用一种特殊的声音交谈起来。如果电路一关，它们就中止了谈话。

即使把两只海豚，分隔在遥远的太平洋和大西洋，它们也会通过电路进行谈话。有人还把海豚娃娃的声音录下来，放给海豚妈妈听。当海豚妈妈听到之后，显得很焦躁，四处寻找它的孩子。海豚还可以用这种声音向同伴发出警报。

海豚发声的疑惑

海豚的这种奇妙的声呐系统，引起了科学家们的兴趣，人类试图揭开这一秘密。

首先让人们感到奇怪的是，海豚没有声带，为什么会发出音域极宽的声音呢？

有人认为，海豚主要是靠跟喷气孔相通的鼻囊系统发声的。可是如果说它在水上用鼻孔发声还说得过去，那么它在水下发声又怎样解释呢？

因为它潜入水下的时候，鼻孔就会闭合，可它仍然可以发出声音来。

科学家们又发现，在海豚的脑门上，有一块圆圆的像西瓜一样的组织，大概是这块组织起到了声透镜的作用，声音就是从这里聚焦成声束向水中发射的。

　　有人不同意上述说法，因为他们发现，海豚虽然没有声带，却有发达的喉头，当它吞咽食物时，发声就会停止。他们认为，海豚的声音大概是从喉头发出的。

海豚有探测能力

　　人们还发现，海豚有很强的超声波探测能力，即使把它眼睛给蒙上，它也能找到目标。这种能力从何而来呢？

　　有人认为，海豚的外耳已经退化，起不到耳朵的作用，其声音是通过下颌的脂肪传到内耳的。对这种说法有人表示反对，他们看到海豚的耳道中充满了水，认为海水对声音有很好的传导作用，因此，它的耳朵仍然是主要的听觉器官。

　　围绕着海豚声呐问题，科学家们进行了各种各样的实验，但问题还是没有得到最终的解决，仍然是迷雾重重。

海豚睡眠的研究

　　任何动物在睡眠时，都有一定的姿势，使全身肌肉完全松弛下来。可海豚却从没有出现过这种状况，难道海豚不睡觉吗？

美国动物学家约翰·里利认为，海豚是利用呼吸的短暂间隙睡觉的。这时睡眠不会有被呛水的危险。

经过多次实验，他还意外地发现，海豚的呼吸与其神经系统的状态有特殊的联系。他曾给海豚注射适当剂量的麻醉剂，半小时后，海豚的呼吸变得越来越弱，最后死了。

为什么会有这种现象呢？

动物学家们认为，海豚是在有意识的情况下睡眠的，麻醉剂破坏了海豚的神经系统，使它们都处于休眠状态，从而阻塞了呼吸的进行，便导致海豚死亡。

海豚睡眠之谜，使研究催眠生理作用的生物学家，产生了浓厚的兴趣。他们将微电极插入海豚的大脑，记录脑电波变化。还

测定了头部个别肌肉、眼睛和心脏的活动情况，以及呼吸频率。结果得知它们某一边的脑部，会呈现睡眠状态。

即使它们持续游泳，左右两边的脑部却在轮流休息，每隔十几分钟活动状态变换一次，而且很有节奏。正是由于海豚两边脑部的睡眠和觉醒的更替，才能使它维持正常的呼吸和游动。

海豚智力之谜

海豚的智力也是科学家们争论不休的话题。在水族馆里，海豚能够按照训练师的指示，表演各种美妙的跳跃动作，似乎能了解人类所传递的信息，并采取行动。许多人坚信，海豚要比任何一种类人猿都聪明，有人甚至认为它们的智力与人类不相上下。

根据观察野生海豚的行为以及海豚表演杂技时与人类沟通的情形推测，海豚的适应及学习能力都很强；但目前尚无法证明海豚运用语言或符号进行抽象式的思考。

不过，即使没有科学上的确凿证据，也不能就此认为海豚没有抽象思考能力。倘若海豚真的具有抽象思考能力，那么它究竟是如何运用这种能力?而其程度又是如何?

这些问题都是很有意思的。但现在想找出这些问题的答案并不容易，因为即使是人类所拥有的智慧，也还有许多未知之处。

虽然海豚与人一样都属于哺乳动物，但因生活的环境不同，相互接触的机会不多，所以，人类对海豚潜在能力的了解是很有限的。看来，海豚之谜暂时还无法得到圆满的答案。

延 伸 阅 读

海豚常常喜欢跳出水面，这是为什么呢？研究发现，海豚的身上会生长一种寄生虫，这种寄生虫能导致海豚生病。因此，海豚在身体感觉不舒服时，就会进行跳出水面的动作，并在空中旋转，以甩掉身上的寄生虫。

海龟为什么埋自己

海龟的自埋现象

海龟是我们人类的好朋友。在航海史上，曾多次记载着海龟救人的传奇故事。海洋生物学家们对它的生活习性进行过不少研究，但一直不知道海龟还有自埋的行为。

前几年，在美国佛罗里达州东海岸的加纳维拉尔海峡，有人发现了把自己整个身体都埋在淤泥里的海龟。当时，他们还以为是个海龟壳。扒开淤泥，挖出来一看，原来是只活海龟！

这个奇闻一经传开，很多潜水员都觉得很新鲜。因为在他们的潜水生涯中，从来就没有听说过，更没有见过这种海龟自埋的怪事。

探究海龟的自埋

究竟是什么原因，使海龟把自己活埋在淤泥里呢？为了探索海龟自埋之谜，海洋生物学家们到实地进行了观察和研究。

海龟是海洋中躯体较大的爬行动物，它们用肺呼吸，因此每下潜十几分钟就需要浮到水面上换一次气，不然就会被憋死。究竟是什么原因导致海龟要自己把自己活埋起来呢？它们全身埋在淤泥里为什么不会憋死？这是它们冬眠的一种形式，还是它们清除藤壶的一种方法？或者是它们在冰凉的海水中自我取暖的一个窍门？

有的科学家发现，在一些个子较大的雄海龟身上，常常寄生着好多藤壶。所以他们认定，海龟要摆脱藤壶的纠缠，才钻进淤泥里去的。

藤壶是一种小型甲壳动物，体外有6片壳板，壳口有4片小壳板组成的盖，固着生活于海滨岩石、船底、软体动物以及其他大型甲壳动物身上。

专家们观察发现，在一些大个儿的海龟身上也常常寄生着许多藤壶，这既影响它们游泳，又会使它们感到难受。

因此，有人猜测，可能是为了要摆脱藤壶，海龟才钻进淤泥。但是，埋在淤泥中的海龟是头朝下，尾巴朝上，它们头部和前半身的藤壶因陷进淤泥较深而缺氧死掉，可后半身和尾部埋得很浅的藤壶却依然活着。这不是解决问题的办法。因此，关于藤壶的猜测就难以成立了。

另外，一些身上没有藤壶的大个儿雄海龟，在海底也有这种自埋的习性。所以，认为海龟是为了清除藤壶而自埋的说法，就站不住脚了。

发现自埋的海龟

一个潜水俱乐部的会员们，来到一个港湾里进行训练。当女潜水员罗丝潜入海底的时候，她发现淤泥里露出一只海龟壳，像是被人扔掉的。罗丝游了过去，先慢慢地查看了一下四周的环境，拍下了照片，然后伸手把海龟壳提起来，却发现原来这是一只整个的活海龟！

此刻，这个活埋自己的家伙被惊醒了，它不满意地抖掉了身上的淤

泥，转身游走了。

没过多久，罗丝又发现了一只海龟壳。不过，这是一只大个子雌海龟，它并没有睡觉，反应特别敏感。罗丝还没碰到它，它就搅动起淤泥，趁海水一片浑浊，什么也看不清的时候逃之夭夭了。

不一会儿工夫，罗丝的同伴们也发现了两只埋在淤泥中的大雌海龟。后来，她们在海底只找到了一些海龟待过的泥穴，再也没有看到一只自埋的海龟。

生物学家的猜测

佛罗里达州的一些海洋生物学家，根据罗丝他们的新发现，否定了前些时候的种种猜测。他们认为：

第一，在潜水员发现的4只自埋海龟中，有3只是大个子的雌海龟，这就推翻了大个子雄海龟为摆脱藤壶而自埋的说法。

第二，从潜水员们观察到的情况来看，海龟的自埋仅仅是一个短暂的现象，所以不能认为它们是在冬眠。

第三，根据罗丝的记录，她发现海龟自埋时，海底水深是27.4米，水温是21.7摄氏度。这说明了，海龟自埋也不是为了取暖。

那么，海龟自埋到底是为了什么呢？海龟自埋的现象是偶然的，还是经常发生的？对于这些问题，目前有三种解释。

第一种解释：这可能是海龟冬眠的一种方式，因为海底的动物和许多陆地动物一样，也有这种长时间睡眠的方式，比如海参就有夏眠的习惯。

第二种解释：这是一些海龟清除身上的藤壶而采取的方式。在淤泥里的长时间的浸泡，会让这些讨厌的寄生虫窒息。

第三种解释：这是海龟在冰冷的海水里取暖的一种方式。可

是这些猜测很快就都被不久后的各种发现给否定了。此后生物学家们又作了各种各样的假设，却都难以自圆其说。

那么究竟为什么海龟要把自己埋起来呢？相信终有一天人们会揭开这个谜团的。

海龟是存在了1亿年的史前爬行动物。海龟有鳞质的外壳，尽管可以在水下待上几个小时，但还是要浮上海面调节体温和呼吸。海洋里生存着7种海龟：棱皮龟、蠵龟、玳瑁、橄榄绿鳞龟、绿海龟、丽龟和平背海龟。

鱼也能当医生吗

科学家的发现

人一旦有了病，都要到医院去看医生，经过医生治疗，使疾病得到解除。那么，生活在水中的鱼得了病之后，也有医生看吗？有，那就是清洁鱼，鱼一生了病，它们就去找清洁鱼。这一秘密是科威特的海洋生物学家库拉达·兰姆布发现的。

有一次，他在美国加利福尼亚海岸附近的水域进行科考时，

发现有一条大鱼突然离开鱼群，向一条小鱼冲去，这条大鱼要比这条小鱼大10多倍。库拉达·兰姆布以为那条大鱼要去吃那条小鱼呢！可出乎意料的是，那条大鱼到了小鱼面前，温顺地待在那里，乖乖地张开了鳍。

小鱼则靠上前去，用自己尖锐的嘴紧贴在大鱼身体上，就好像在吸吮乳汁。过了一会儿，小鱼突然跑出来，消失在水草之中，大鱼也回到它的同伴那里去了。

会看病的小鱼

这究竟是怎么回事呢？原来小鱼就是鱼的医生，这是在给大鱼看病。

生活在海洋里的鱼和人一样，不断地受到细菌等微生物和寄生虫的侵袭。这些令人讨厌的小东

西黏附在鱼鳞、鳃、鳍等部位，就会使鱼染上疾病；同时，鱼之间也在不断发动战争，一旦受了伤，也需要治疗。那么谁来给它们治病呢？医生就是前面提到的那种小鱼，人们给它起了一个好听的名字——清洁鱼。

清洁鱼给鱼治病，既不打针，也不吃药，而是用它那尖尖的嘴巴清除病鱼身上的细菌或坏死的细胞。不过它在给鱼治病的时候，对病鱼也有很严格的要求，要求它们必须头朝下，尾巴朝上，笔直地立在它面前，否则它就不给予治疗。假如鱼得病位置是在喉咙里，那么，病鱼就必须乖乖地张开嘴巴，让医生进去清除病灶。

试验后的结论

科学家们曾做过实验。他们在一定的水域里，把所有清洁鱼都请出去，只过了两周，他们就发现，不少鱼的鳞和鳃上都出现了肿胀，有的还得上了皮肤病；而有清洁鱼的水域，鱼则生活得很健康。由此可以证明，清洁鱼是称职的鱼医生。在海洋里，大约生活着40多种清洁鱼。它们的医院一般设在有珊瑚礁或岩石突出的地方。有人曾经发现，一条清洁鱼在6个小时内医治了几千条病鱼。

海洋馆请来"医生鱼"

广州海洋馆的海底世界里，饲养着3条身长超过1.8米的豹纹海鳝，饲养员发现大海鳝口腔牙缝中的食物残渣不少，身上附有外来寄生虫，考虑到这将会影响到它们的健康，海洋馆工作人员及时采取措施引进一批"医生鱼"为它们治病。

2005年8月2日，广州海洋馆把100多尾"医生鱼"分别放养在海底世界的各大鱼缸里。一到"新家"，"医生鱼"就开始忙

碌，东游西窜在鱼群中穿梭，认真地寻找"有病"、"有寄生虫"的鱼。

　　奇怪的是凶猛的鲨鱼、威猛的龙趸、尖齿獠牙的裸胸鳝……见到这些"医生鱼"游来，都显得十分温驯，并张开大嘴、打开鳃盖，任由"医生"进入"清污治病"，而不会"吃掉"它们，情景相当有趣。

"医生鱼" 给人类治病

　　在土耳其的温泉里，栖息着许多能治病的"医生鱼"。"医生鱼"的绝活是为人治疗各种皮肤病、皮肤溃疡和丹毒。世界各地有不少人慕名而来，希望享受到"医生鱼"的神奇治疗。当患有皮肤病的人进入温泉时，成群的"医生鱼"就会团团围过来，

对准患处开始啄咬。小鱼的啄咬加上温热的泉水不断冲洗患处，就好像在做全身按摩，使患者感到十分舒服。

"医生鱼"的治疗十分有效。9天内，"医生鱼"就可以替人治愈奇痒难忍的皮肤病，而且再也不会复发。

延 伸 阅 读

在巴哈马热带海域，有一种专司清洁工作的虾，常在鱼类聚集的珊瑚中间找到适当的洞穴行医。遇到有病的鱼，清洁虾会爬到鱼的身上先查看病情，接着用锐利的钳把鱼身上的外寄生虫拖出来，然后再清理受伤部位。

动物之间的互助精神

帮助对方剔牙的猩猩

我们经常可以看到，各种动物为了自己的生存，与不同类甚至同类动物，展开你死我活的斗争。然而，在少数动物间也有互助互爱，乃至舍己救人的行为。

在一个动物园里，美国斯坦福大学的生物学家们发现，一只

名叫贝尔的雄性黑猩猩，常常从地上拣起一根根小树枝，并认真地摘掉枝上的叶子，站在或跪在其他雄性黑猩猩身边，一只手扶着它的头，另一只手拿着光秃秃的小树枝，伸到那雄性黑猩猩的嘴里，剔去它牙缝中的积垢。原来它是用小树枝做牙签，给别的雄性黑猩猩剔牙呢！

有时，贝尔还直接用手指给雄性黑猩猩剔牙。科学家们观察了6个月，发现几乎每一天，贝尔都会给别的猩猩剔一次牙，每次3分钟至15分钟。

共享食物的白尾鹫

生活在草原上的白尾鹫，互敬互爱的行为更是让人敬佩。这种专门以野马等动物尸体为食的鸟类，在发现食物之后，会发出尖锐的叫声，把自己的同伙招来共享。

吃的时候总是先照顾长者，让年老体弱的鹫先吃饱，其他鹫才开始吃。家里还有幼鹫的母鹫，回家之后，还会把吃下去的肉吐出来喂幼鹫。

联合对敌的狒狒

非洲坦桑尼亚的坦噶尼喀地区是狒狒的栖身之地。狒狒晚上宿在树林里，临睡之前，它们总要看看周围是否有狮子、巨蟒等天敌。

据美国科学家实地考察，狒狒群通常到有水源的地方去饮水，而狡猾的狮子和巨蟒，常常在水源处等候着它们的到来。因此，每一次饮水，都是狒狒群的一次计划周密的集体战斗。

它们出发之前，总是由最强壮有力的狒狒在前面开路，中间是雌性、幼年狒狒，后面是一些成年雄狒狒。

一旦遇上潜伏的狮子或巨蟒，打先锋的狒狒便与来犯者进行勇敢的搏斗，其余的狒狒从地面抓些石块迅速上树，一齐大声吼叫助威，并向敌害猛烈投掷石块和果实。在这种情况下，狮子或巨蟒往往是心虚胆怯，狼狈而逃。

除了自己团结对敌以外，狒狒还能与周围其他受威胁的动物结成统一战线，一起防范凶暴的敌人。

狒狒最可靠的盟友是羚羊和斑马，因为它们有着共同的敌人——狮子。

异类动物互助现象

不仅同类动物之间互帮互助，而在不同类动物间也有这种行为。在西南非洲，有一只小羚羊和一头野牛结伴而行。羚羊在前

走，野牛在后面跟着；每走几步，野牛便哀叫一声，小羚羊也回过头来叫一声，似乎在应答野牛的呼唤。

假如小羚羊走得太快，野牛就高喊一声，小羚羊马上原地立定，等那野牛跟上后再走。

这是怎么回事呢？

原来野牛害了眼病，红肿得厉害，已无法单独行动，小羚羊在为它带路。

河马见义勇为的精神，曾经使一位动物学家感叹不已。事情是这样的：在一个炎热的下午，一群羚羊到河边饮水。

突然一只羚羊被凶残的鳄鱼捉住了，羚羊拼命抗拒可也无法逃命。

这时，只见一只正在水里闭目养神的河马，向鳄鱼猛扑过去。鳄鱼见对方来势凶猛，只好放开即将到口的猎物逃之天天。河马接着用鼻子把受伤羚羊向岸边推去并用舌头舔羚羊的伤口。

动物互相帮助之因

有关动物互帮互助的例子不胜枚举，科学家们已经肯定动物之间有互助精神。

那么动物为什么会有互助精神呢？有的科学家认为，动物的

这种行为是自然选择的结果。因为在求生存的斗争中，同种动物间如果没有互助精神，就很难生存与发展。

有的科学家认为，近亲多半有着同样的基因，同一种群动物的基因较为接近，因此会有互助精神。

对于动物为什么会有互助精神这一问题，科学家们各执己见，始终没有一个完美的答案。

延 伸 阅 读

一种小丑鱼与具有刺细胞的海葵之间具有戏剧性而又危险的共生关系。正常情形下，海葵触手上的刺细胞，只要很轻微的碰触，就会射出毒液而使靠近的小鱼麻痹。可是这种小丑鱼却能荡漾在海葵的触手缝中来去自如。

动物是怎样认亲的

气味是身份证

美国有一种蛤蟆卵孵化出的蝌蚪，似乎能通过气味识别素昧平生的兄弟姐妹，它们情愿与亲兄弟姐妹集群游泳，而不愿与无血缘关系的伙伴为伍。

科学家将一只蛤蟆同一次产的卵孵出的蝌蚪染成蓝色，另一

只蛤蟆产的蝌蚪染成红色，一起放入水池中。

开始，它们混在一起，过不了多久，它们又自动分开，红色蝌蚪相聚在一处，蓝色蝌蚪相聚在另一处，泾渭分明。

科学家又做了一次实验，将蛤蟆同一次产下的卵孵出的蝌蚪一半染成红色，另一半染成蓝色，将它们放在一个水池中。这次它们并不按颜色分成两群，而是紧紧聚成一团。

蜜蜂是靠气味识别自己亲属的。蜂群里有专门的所谓"看门蜂"，由它控制进入蜂巢的蜜蜂。

在一起出生的蜜蜂可以通行无阻，却阻止其他地方出生的蜜蜂入巢。"看门蜂"的任务，是对进巢的蜜蜂进行审查，它们以自己的气味为标准，相同的放行，不同的拒之门外。

鸣声辨别亲属

崔燕大群地在一起孵卵，峭壁上会同时挤满几千只葫芦状的鸟巢。用不着担心它们会认错自己的子女，对它们来说，雏燕的叫声就是它们的识别标志。在常人听来，雏燕的叫声似乎是一样的，没啥区别。但如果仔细分析，可发现其中仍有细微的差别。

实验证明，若向附近的空巢放送雏燕叫声的录音，老鸟每次都只向自己雏鸟的叫声飞去，并且也会发出鸣叫。雏鸟听到后，

会叫得更加起劲。

在美国西南地区一些岩洞里，栖息着7000万只无尾蝙蝠。它们的居住地非常拥挤，因此生物学家们推测，母蝙蝠喂奶时，只是盲目地喂首先飞到自己身边的小蝙蝠，并非自己的亲生子女。

但是实验证明，约有81%的母蝙蝠喂的正是自己的子女。之后科学家又发现，母蝙蝠在喂奶前，先要发出呼唤的叫声，再根据小蝙蝠的回答，来判断是否是自己子女。

它们还要进一步用鼻子嗅，在确认真正是自己的子女后才开始喂奶。

骗亲有其道理

杜鹃在繁衍后代的时候不垒巢、不孵卵、不育雏，这些工作会由其他鸟来替它完成。

春夏之交是雌杜鹃产卵时期，它便选定画眉、苇莺、云雀、鲤鸟等的巢穴，利用自己的形状、羽色和猛禽鹰鹞相似的特点，从高远处疾飞而来。

巢内的其他鸟以为大敌鹞鹰来犯，便仓皇出逃，杜鹃乘机便将卵产在这些鸟的巢内。

由于长期自然选择的原因，杜鹃产的卵在大小、色泽、花纹方面和巢主产的卵相差甚微，因此不易被巢主发现。

　　杜鹃的卵在巢内最先破壳成雏。小杜鹃的背上有块敏感区域，有东西碰上便会本能地加以排挤，所以巢主的卵和破壳的雏鸟便被它推出巢外。

　　这样，小杜鹃可以独自占养父母采集来的食物了。小杜鹃慢慢长大了，老杜鹃一声呼唤，它便跟着远走高飞。

异类认亲

　　2002年，在肯尼亚山布鲁国家公园，一只完全成年的母狮接连收养了5只小非洲大羚羊，至今生物学家仍对这只母狮的行为百思不得其解。

　　非洲羚羊通常会成为狮子口中的美餐，然而这只行为异常的母狮竟然成了它们的保护者，每当它收养一只小羚羊后就会承担起保护责任，睡在它身旁，保护它免受其他狮子的攻击。

由于这只母狮寸步不离地守护它的"孩子"，以至于它不能猎食，由于缺乏营养，日渐消瘦。

但是，一天夜里当它收养的一只羚羊自然死亡后它的自然本能显露出来，由于饥饿它吃掉了死去的那只羚羊。

一些野生动物专家试图对这只母狮的异常行为作出解释，或许这只母狮不能生育幼狮所以它的母亲情结使它扮起了母亲的角色。其他人认为这只母狮患有精神障碍。

一种生存适应

社会生物学家认为，同缘相亲是动物的一种本能，是一种生

存适应。动物生存有一个目标，就是要传播自己的基因。

如果崖燕不能认亲，就可能把辛辛苦苦找来的食物给别的幼鸟吃，而让自己的孩子饿肚子。

而新猴王要咬死老猴王的后代，那是因为这些小猴没有它的基因。

延 伸 阅 读

一只小河马在海啸中失去妈妈，成了孤儿。一只体型庞大的百年雄龟心甘情愿地做了它的"继父"，从此形影不离。这个发生在肯尼亚动物保护区内的故事，让生物学家产生了浓厚兴趣。

动物嗅觉之谜

利用狗的嗅觉破案

在感觉和判断微量有机物质方面，任何先进的检测仪器都不能超越人的鼻子。自然界中的气味多于几十万种，一般人可以嗅出其中几千种气味，而经过训练的专家则能嗅出几万种气味。和人鼻相比，狗鼻子更加灵敏。

　　警犬破案用的就是它灵敏的鼻子。我们知道，人身上有着丰富的汗腺、皮脂腺，每个人分泌出的汗液和皮脂液味道是不同的，我们称之为人体气味。人鼻子较难分辨不同人的人体气味，而狗却可以。将犯罪分子穿过的衣服、鞋子或用过的用品给警犬嗅过后，它就能顺着气味去追踪逃犯，或者将混在人群中的坏人嗅出来。

　　海关人员利用狗的特殊嗅觉功能，训练它们搜寻毒品。经过训练的狗，能够搜寻出藏于行李中或汽车中各个角落的毒品，它们屡建奇功，使得贩毒分子闻狗丧胆。

利用狗的嗅觉救人

在瑞士等多山国家中，高山滑雪是人们喜爱的一种运动，由于雪崩等自然灾害造成的事故，常常有滑雪者被埋于雪中。当地人训练了一批救护犬，每当发生滑雪者失踪事件时，就派这种救护犬上山寻找。它们身背标有红十字的口袋和救援队员一起跋涉于高山积雪之中。由于它们的努力，使不少遇险者获得了第二次生命。

在欧洲的一些城市，煤气公司训练了一批狗，作为"煤气查

漏员"。由于管道煤气的使用日趋广泛，要查找埋藏于地下的煤气管道的泄漏是一个难题。如果不能找到泄漏处，漏出的煤气在地下某一地方会积累起来，它们一遇上明火就会发生爆炸或燃烧。在查漏方面，狗是人类得力的助手，一发现问题，它就会狂吠不止，以引起人们的重视。

利用狗的嗅觉扫雷

狗还是很好的地雷搜寻者。现代化的战争中，布雷成了保护自己、消灭敌人的重要手段。过去多用金属探测器来查找地雷，因为大多数地雷是用金属作为外壳的。

后来，兵工专家改进了外壳材料，采用塑料或其他非金属性材料来做外壳，一般的金属探测器就找不出它们。经过训练的狗能够嗅出火药的气味，所以不管用什么材料做外壳，它们都能把地雷查找出来。

在战争中，它们的工作挽救了成千上万战士的生命。还有的地质部门，训练狗帮助人们查找矿藏。

金丝雀会预测毒气

在煤矿中有毒或易燃气体的存在，常引起井下爆炸，或发生煤矿工人中毒的事故。

人们发现，金丝雀对于这类气体很敏感，矿井中存在的微量有毒气体，在对矿工尚未造成威胁时，金丝雀就会出现窒息中毒的症状。所以，一些矿工在下井时带着金丝雀，将它们作为"生物报警器"。

同样的办法，也在某些生产有毒气体的工厂中使用。

昆虫的化学感受器

　　和人类、鱼类不同，昆虫的嗅觉既不靠鼻子，也不靠皮肤或嘴唇上的感受器，它们靠的是嘴巴周围的触角或触须，这是昆虫的化学感受器官。在触角上，遍布着接受和处理气味信息的嗅觉细胞和神经网络。在麻蝇的触角上，有3500个化学感受器，牛蝇的触角上则有6000个，而蜜蜂中工蜂的触角上更有12000个化学感受器。正因为有了这些先进的工具，它们的嗅觉才特别灵敏，普通的家蝇可以识别3000种化学物质的气味。

昆虫靠嗅觉寻配偶

　　昆虫嗅觉还用于寻找配偶。在昆虫繁殖期，雌性的昆虫能释放出一种叫做性引诱剂的激素。雄性的昆虫嗅到了这种气味后，就飞向雌性的昆虫。雄昆虫对这种性引诱剂的嗅觉特别灵敏。

科学家实验发现，性引诱剂的含量已稀释到每一立方厘米的空气中只有一个分子，而雄蛾依然能分辨出。科学家们利用现代的分析手段，搞清楚了一些昆虫性引诱剂的结构，并且在实验室中，用化学方法合成了同样的激素。利用这些人造的性引诱剂，在农田中捕杀害虫，已成为一种新的植物保护手段。

不同动物的灵敏嗅觉

大象的视力很差，它全靠灵敏的嗅觉去寻找食物、发现敌害。而这种有选择性的敏感性还在生命的繁衍中遗传给后代，使之天生就具有遗传气味选择记忆能力。骆驼能在80千米外闻到雨

水的气味；牛能嗅出浓度低达十万分之一的氨液。猴子、野猪等动物中的领袖能够发出使其他雄性动物臣服的气味，只要闻到这种气味，即使没有见面也马上服服帖帖。

延　伸　阅　读

　　人们曾相信，所有动物的嗅觉机制都一样，气味分子作用于细胞表面的嗅觉感应器，也叫做G-蛋白质，并引发精巧的连锁反应，最后打开细胞表面的离子门，允许大量离子进入细胞，从而将气味信息传到脑部。

动物身上的年轮揭秘

不同动物身上的年轮

锯倒一棵大树，观察树桩断面上的年轮，就可以知道这棵大树的年龄了。那动物身上也有年轮吗？

不同动物的年轮隐藏在不同的部位，五花八门。鲤、鲫鱼鳞片上的同心圆，就是显示鱼龄的年轮。

为了看得很清楚，一般将鳞片洗净，煮一下，再把它浸入两份苯和，一份乙醚中，去掉脂肪，使它干燥后观察。河蚌的贝壳上有明显的一圈圈生长线，那就是它的年轮。

怎样了解庞大的鲸的年龄，多年来一直是个难题。过去曾用许多方法来测定：一是有人认为,鲸出生时是雌鲸体长的1/3，根据幼鲸体长的增长，可以推算年龄；二是观察鲸体上白色伤痕数目，测算年龄，因年龄越老的鲸，受细菌、寄生虫寄生后留下的伤痕越多。以上方法都有缺点，测算的年龄不够准确。1995年发现鲸的耳垢是推算年龄的最好资料。

鲸的耳垢的特殊结构

鲸的耳垢与人的耳垢大不相同，耳垢不能从外耳道掉出来。鲸的外耳道不是一直管，而是呈S型。耳垢积存在耳道中，由表皮角质层脱落的细胞和脂质所构成，脂质少、角化程度高、呈长圆锥形，像一个栓，所以又是耳栓。把耳栓切成纵剖面，上有交替的明亮层和暗色层，数清多少明暗交替的条纹，就可以推算出鲸的年龄。

鲸的耳栓上的明暗条纹，就和树木的年轮相似。明亮层是夏季索饵期形成的，那时候营养条件好，形成的脂质多；暗色层是冬季繁殖时期形成的，那时鲸几乎过着绝食生活，耳轮上的角质多。

鱼类的年轮

生活在水中的鱼类是个庞大的家族，它们的年轮表现有所不同。如产于我国东北的大马哈鱼，它的年轮在鳃盖骨上；鲨鱼的

年轮在背鳍棘上；著名的大小黄鱼的年轮则在耳石上。此外，一般鱼类的年轮记录在鳞片上。你仔细观察，会发现上面有许多同心的环纹，一个环纹代表一年。

　　大自然年复一年的周期变化，决定了鱼类生长的快慢，而鱼的生长状况便在鳞片上留下了真实的痕迹。春夏时节，鱼儿的食饵丰富，水温又较高，正是生长旺季，鱼儿长得快，鳞片也随之长得快，便产生很亮很宽的同心圈，圈与圈的距离较远，这是"夏轮"。

　　进入秋冬后，水温逐渐下降，水域中食饵减少，鱼儿的生长放慢，鳞片的生长也随之放慢，产生很暗很窄的同心圈，圈与圈的距离较近，这是"冬轮"。这一疏一密，就代表着一夏一冬。等到翌年的宽带重新出现时，窄带与宽带之间就出现了明显的分界线，这就是鱼类的年轮。

判断动物年龄的方法

最近有了利用显微镜检查兔子、黄鼠狼等动物的骨头，来确定其年龄的方法。

这种方法是切取野兔等动物的下颌骨，将其磨制成薄片，染色后在显微镜下观察，能看到骨头的层次，根据骨层的多少，便可准确地推断动物的年龄。因为小动物的年龄都较短，所以使用这种方法是相当有效的。如果是象和鲸那样的大动物，则只要取其牙齿在显微镜下鉴定，就可知道它的年龄了。

人类有没有年轮呢

日本东京医科大学教授勇田忠宣布，他发现人的年轮在人的大脑里。他曾对一些人员进行过音波刻纹试验，当音波频率和人

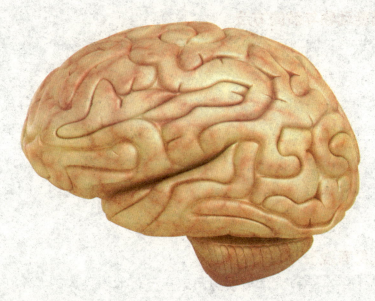

自身的年龄相等时，人们便会做出反应。这种反应可以在荧光屏幕上显示出来，利用这种方法，可以准确地"诊断"出人的真实年龄。

　　生命有很多奥秘有待揭开，动物"年轮"不过是其中很小的一个部分。

延　伸　阅　读

　　鱼类学家已利用鱼类的年轮，测定出一些鱼类的生命极限：鳊鱼5岁，鲫鱼25岁，观赏金鱼30岁，鲤鱼45岁，鳗鲡50岁，鲇鱼可活100岁，狗鱼的寿命可高达250岁以上。

动物也有语言

同地异类无法交流

每一种飞鸟几乎都有自己独特的语言，而且互不相通。

有这么一个故事，在某个动物园中，一只野鸭闯入了红鸭的窝中，把老红鸭赶走，自己帮助红鸭孵出了一窝小鸭。可是这些

小红鸭根本听不懂野鸭的语言，不听从它的指挥。小鸭们乱成一团，野鸭也毫无办法。后来来了只大红鸭，它只讲了几句土话，小红鸭就乖乖地听它的话了。

异地同类无法沟通

不仅不同种动物之间语言不通，而且同种动物之间也有方言。美国宾夕法尼亚大学的佛林格斯教授，研究了乌鸦的语言，而且将它们的语言用录音机录制下来。

当成群的乌鸦从天上飞过时，佛林格斯教授在地上播放他先前录制的乌鸦的"集合令"，这时乌鸦群就乖乖地降落在地上。当他将乌鸦的"集合令"录音带，带到另一个国家去播放时，就不灵了。

佛林格斯教授发现，居住的国家和地区的不同，乌鸦的语言也不一样。法国乌鸦对美国乌鸦讲话录音就一窍不通，甚至于对它们的呼叫也毫无反应。

行为语言交流

动物还会运用各种不同的行为来表达它们的意思，这也是一种无声的语言。

例如长颈鹿在发生危险时，会用猛烈的惊跑来向同伴传达警报；野猪在平时总是把尾巴转来转去，但一旦觉察到有危险时，就会扬起尾巴，在尾尖上打个小卷给同伴们报警；蜜蜂在发现蜜源以后，就会用特别的"舞蹈"方式，向同伴通报蜜源的远近和方向。

有一种小蟹，雄的只有一只大螯，它们在寻求配偶时，便高举这只大螯，频频挥动，一旦发觉雌蟹走来，就更加起劲地挥舞

大螯，直至雌蟹伴随着一同回穴。

有一种鹿是靠尾巴报信的。平安无事时，它的尾巴就垂下不动；尾巴半抬起来，表示正处于警戒状态；如果发现有危险，尾巴便完全竖直。

鱼的语言

不同的鱼儿发出的声音是不同的，所代表的意义也都是不一样的。

黄花鱼在产卵的时候会发出非常响亮的叫声，可以起到要吸引异性的目的；索饵鱼类所发出的声音则主要是用来联络、并示意鱼群发现食物、保持集体活动的意思；而黄颡"吱吱"刺耳的声音可以将敌人吓跑。

各种深海鱼类的不同发声则主要起到回声探测方向的作用。

鱼类发声的用途非常广泛，这也间接的说明鱼类的听觉也是十分灵敏的。但就外表上来看，鱼并没有耳朵，这到底是什么原因呢？

　　原来，鱼也有耳朵，只是它只有内耳，却没有耳壳，因此人们看不到鱼的耳朵。如果我们将鱼头骨的一侧掀开的话，便可以看到包在头骨中的内耳了。

大象的次声低频音波

　　大象经常会发出大声尖叫和隆隆声，通过发出人类耳朵所能听到的隆隆声，可以与遥远的大象进行不同意图的沟通交流，其中包括协调群体行为、引诱异性交配、生育繁殖和建立统治权。令人惊讶的是，大象还具有特殊的语言，它们能够发生较低的次声低频音波，可以传输至更遥远的区域。

猴子的叫声

猴子经常会为了争夺食物与地盘而互相大打出手，当一只猴子准备向对方发起攻击的时候，它往往会发出"喁！喁！"或者"嘎！嘎！"的声音，以表示恐吓与威胁。

如果对方是一个较为弱势的猴子的话，它便会发出"吉亚！吉亚！"的声音来表达自己内心深处的害怕。

动物交流的一个必不可少的作用是警告同伴来自其他物种的威胁。袋鼠会使用后腿重击地面，暗示着可能出现更危险的掠食者。白尾鹿的尾部会表现出类似神经性抽搐的动作，警告同伴有危险逼近。大猩猩表达生气时会作出吐出舌头的表情，这是一种暗示游戏时间已结束的信号。

猫的肢体语言

家中所喂养的猫咪也有着千奇百怪的沟通方式，如果你平日里仔细注意听过它的叫声的话，就会发现，如果它叫了一声之后便突然中止，然后立即张着大嘴却并不立即闭合，往往意味着两种意义：

一是向你问候，二是向你提出某种要求。假如它在关闭的门前这样叫唤的话，代表着它想外出散步；如果它一直徘徊于冰箱门口不停地叫的话，则意味着它想吃东西了。

如果它突然间发出了呼呼的声音，代表着现在它很生气，最好不要招惹它。最有趣的是，家猫还经常会发出呼噜声，表示非常满意自己的主人。

延 伸 阅 读

在同种动物之中，它们使用语言来寻求配偶，报告敌情。春天，是猫的发情期，一到晚上，猫就会出去寻找配偶，人们常可以听见猫拖长了声调的叫声，这是在吸引异性。动物的语言，也用来沟通动物和主人的关系。

动物生物钟之谜

动植物的生物钟

在自然界里，很多生物的活动都受到"生物钟"的影响。如雄鸡黎明报晓，猫头鹰昼伏夜出，在潮水到来时招潮蟹就出现在洞口，这些都是生物钟在起作用。

有些植物也是按照自己的生物钟来活动的，如牵牛花在太阳出来之前就打开了喇叭，蒲公英在清晨6时才绽出花蕊，该中午开

的花就中午开，该晚上开的花就晚上开。

生物学家的实验研究

有人发现，许多昆虫都能利用自己体内的天体定向器来保持正确的行动方向，即借助于阳光来定向，蜜蜂和大蚂蚁等昆虫就是这样。

可德国的生物学家贝林通过实验发现，一些动物的定向不一定非借助阳光不可。

他将蜜蜂关在暗室里，发现即使没有阳光，甚至在完全黑暗的情况下，它们也能察觉出昼夜的变化。

利用蚂蚁进行的实验

瑞士昆虫学家维纳尔和兰费郎科尼利用大蚂蚁做的实验，更能说明这个问题。

大蚂蚁中的工蚁常常到几百米以外的地方觅食，他们就把这些工蚁放进黑洞洞的潮湿的容器里。

过了6个小时，带到一个它们不熟悉的地方放出来，同时在它们头上安装一个特制的东西，使蚂蚁看不见能够当做定向目标的各种物体。

其结果令人惊讶，153只蚂蚁都顺利地找到了自己的家。

这个实验表明，这种蚂蚁既具有稳定的记忆力，能够记住太阳在一天的不同时间里在天空运行所走过的路线，而且还具有时钟系统，这使它们能够找出正确的方向。

未解之谜

怎样来认识动物体内的生物钟，至今还是一个悬而未决的谜。

有人分析这可能是来源于动物空腹感的"腹时钟"；也有人认为这种生

物钟是动物的特殊感官在起作用，还有人认为这种时钟可能与物质代谢的速度有关。

不过，这些还都仅仅是猜测，都缺乏具体的科学依据，至于其具体的生理机制是什么，它们为什么会那样神奇，还有待进一步研究核实。

延 伸 阅 读

非洲有种"报时虫"，每过4小时换一次颜色，什么时间变成什么颜色，每天都是固定的。有些居民利用这种虫子确定当时的大体时间；南美洲危地马拉有种第纳鸟，每隔30分钟就叽叽喳喳叫上一阵，误差不超过15秒。

揭秘动物的心灵感应

对小狗旅程的研究

动物和人一样，也具有超常感本能，它们也能够预感危险，这就是它们的心灵感应。

1923年8月，在美国俄勒冈州，布雷诺带着两岁的小狗博比

去印第安纳州的一个小镇度假时，博比不幸走失了。结果6个月后，博比历尽千难万险，历经3000千米路程，终于从印第安纳州回到了俄勒冈州的家。

之后，俄勒冈州的"保护动物协会"主席，返回到博比走失的原地点。

他沿途访问了许多见过、喂过、收留博比住宿，甚至曾经捉过它的人，最后证实了这一切确实可信。

与此同时，科学家却想到一个问题，博比并没有沿着它的主人往返的路线走，并且它走的路与主人走过的路相距甚远。

博比所走过的几千千米路，是它根本不熟悉的道路。那它是怎么找到回家路的？

什么是动物超常感

研究结果使人们相信，这条小狗之所以能回家，是靠着一种特殊的能力和感觉找路的，这种本领与已知的犬类感觉完全不同。有人认为动物这种神秘的感觉和能力，是一种人类尚未了解的超感知觉，或者称之为超常感。

超常感指的是有些动物能够以超自然的感觉感知周围的环境，或者与某人、某事，或与其他动物之间心灵相沟通。然而，这种沟通似乎是通过我们人类并不知道，又无法解释的某些渠道进行的。

动物超常感的反应

多少年来，在世界各国都发现了很多动物的超常感行为。

例如，它们有的会跑到从来没去过的地方找到主人；有的似乎还能预感到自己主人的不幸和死亡；有的能预感到即将来临的危险和自然灾害，如地震、雪崩、旋风、洪水以及火山爆发等。当然，人类现在发现的动物的这些超常行为，还只不过是动物身上的冰山一角，对于动物的研究，人类还有很长的路要走。

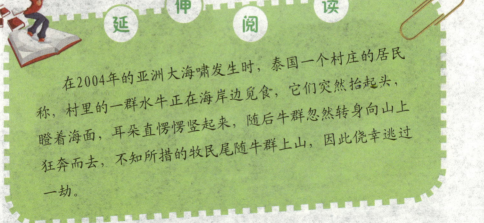

延 伸 阅 读

在2004年的亚洲大海啸发生时，泰国一个村庄的居民称，村里的一群水牛正在海岸边觅食，它们突然抬起头，瞪着海面，耳朵直愣愣竖起来，随后牛群忽然转身向山上狂奔而去，不知所措的牧民尾随牛群上山，因此侥幸逃过一劫。

猛犸象为什么会灭绝

史前动物猛犸象

作为一种统治了北半球几百万年的巨大的动物，猛犸象曾经遍布各个大陆。它源于非洲，早更新世时分布于欧洲、亚洲、北美洲的北部地区，可以适应草原、森林、冰原、雪原等环境。有研究指出，猛犸象和大象拥有共同的祖先。这两个物种是在500万年前分化出来的。大象一直繁衍到今天，然而，猛犸象却灭绝了。

猛犸象是最负盛名的史前哺乳动物，夏季以草类和豆类为食，冬季以灌木、树皮为食，以群居为主。距今4000年前完全灭

绝。其生存的时代为冰河世纪，它们在极地附近的冰原上觅食与生活，为抵御严寒，猛犸象的皮下脂肪和皮上浓密绒毛层皆厚达10厘米，绒毛层之外还披覆长毛层，毛色呈黑色或深棕色，因此也被称为"长毛象"。

猛犸象的尸体

大约在20万年前，地球就出现了猛犸象。猛犸象曾经遍布北半球的北部地区，分布如此广阔的猛犸象为什么灭绝了呢？真让人感到不可思议。

在俄罗斯西伯利亚北部的冻土层中，科学家们曾发现20多具皮肉尚未腐烂的猛犸象尸体。这些尸体在大自然的冰库里保存得相当完好。尸体肌肉的血管中充满血液，胃里还有青草、树枝等未消化的食物。经科学家考查证实，这些尸体已经冰冻了10000多年。

关于猛犸象灭绝的原因，科学家们提出了许多不同的假说，其中最著名的有气候说、环境说、人类猎食说、食物匮乏说、繁衍过慢说等。

　　几十年前，国际地质学会在前苏联召开期间，许多国家的科学家还尝到了这已冻了10000多年的猛犸象肉。据说味道虽不十分可口，却别有风味。

猛犸象灭绝假说

　　气候说。认为气候变化是导致猛犸象灭绝的重要因素，冰期结束，气温上升，随之而来的干旱让极地的生态环境发生了巨大变化。体型庞大的动物于是更敏感地被这种变化所影响。在美洲发现的猛犸象遗骨表明，猛犸象数量下降的时候，正是冰川期结束和地球开始变暖的时期。20000年前气温开始上升，改变了美洲

的环境。美国西南部的草地逐渐转变成长着稀疏灌木和仙人掌的沙漠，导致猛犸象无法生存而死掉。

环境说。认为由于猛犸象居无定所，当迁到一个新地方后，对新环境不适应，而导致大批死亡，最终走向灭绝之路。

人类猎食说。认为猛犸象的灭绝与人类有关。北美古印第安人对猛犸象的大肆捕杀，才是它们灭绝的直接原因。他们在猛犸象骨骼上发现有刀痕，用电子扫描显微镜分析证明，这刀痕是石制或骨制刀具砍杀所致，而不是猛犸象间互相争斗的结果，更不是挖掘过程中造成的外损。

考古学家也发现史前人类对猛犸象的杀戮遗迹，例如有一些留有刀伤的猛犸象牙，以及猎捕猛犸象的工具，证实人类会组成

群体，以陷阱或火烧等方式去捕捉猛犸象。

　　食物匮乏说。指出由于环境的改变致使猛犸象喜欢吃的食物在生存的地区大量消失，而开花植物增多，使猛犸象短时间内无法适应恶劣环境，而又加上食物短缺，雪上加霜，最终走向灭绝之路。

　　繁衍过慢说。繁衍很慢，致使族群数量日益稀少。一头母猛犸象的妊娠期长达两年左右，而且通常一胎只生一头小猛犸象，幼象要长成到具有生殖能力的成年象，至少又要再等10年。因此，猛犸象减少的速度远大于繁衍新生的速度，族群数量日益稀少，最后终于走上绝种的命运。

目前，对大型动物灭绝的原因仍然众说纷纭。猛犸象灭绝的疑案，至今还在讨论，相信不久的将来，科学会给我们一个答案，让猛犸象灭绝的真相大白于天下。

延 伸 阅 读

1806年，在俄罗斯西伯利亚发现第一具猛犸象尸体。它们绝迹于3900年前。2007年5月，在西伯利亚西北部的亚马尔半岛上发现了迄今为止保存最完整的幼年猛犸化石，除了毛发和脚趾甲不全，这头象几乎完美无缺。

狼的生存秘诀

狼的习性

狼起源于新大陆，在人类未兴盛的五百万年前，狼在地球上的分布是最广泛的。在狼广泛分布的欧、亚、美洲，狼的记录仅北美已经达到23种，亚种之多，更是不胜枚数。

狼属于犬科动物，勇猛机智，形态近似于狗，区别在于眼较斜，口稍宽，尾巴较短且从不卷起并垂在后肢间，耳朵竖立不曲，有尖锐的犬齿。狼的视觉、嗅觉和听觉都十分灵敏，狼的毛色有白色、黑色、杂色……都是不尽相同的。狼的体重一般有40多公斤，连同40厘米长的尾巴在内，平均身长154厘米，肩高有一米左右，雌狼比公狼的身材小约20％。

　　狼基本上是肉食动物，食量相当大，一次能吞吃十几公斤肉，夏季也偶尔吃点青草、嫩芽或浆果，但大部分食物是野兔、鼠类、河狸，间或还能捕到小鸟。

　　狼的嗅觉十分灵敏，生性多疑、残忍。北方的狼常集体围猎，南方的狼则通常自己行动。

狼的家族

　　解剖学家和行为主义者已经对家犬的起源研究了100多年，普遍认为：狼是家犬的直接祖先。在所有犬属家族成员中，狼的社会组织、体型与皮毛颜色有着巨大变化。狼是在大陆上分布最广泛的哺乳动物，由于受到人类的捕捉，造成数量锐减。可以肯定的是，善于捕捉机会且以腐肉为食的狼同人类居住了至少有4万年，在有了人类之后，它们便以人类丢弃的东西为食或者偷吃食物。每当人群在北半球区域内迁移，狼群也就跟着迁移。当它们的父母被人类猎杀后，其幼仔可能已经适应了人类的生活。

生活习性

狼集群或单独活动。通常在繁殖季节会集成小群，冬季，在北美泰加林区，狼常组成较大群捕食有蹄类。在阿拉斯加，最大狼群达36头，但一般不超过20头，我国最多一群达21头。狼群的大小也都是不尽相同的，常因季节和捕食情况的改变而改变。狼喜欢吃野生和家养的有蹄类，但它的食物成分并不单一，凡是能捕到的动物都可以作为食物，包括鸟类、两栖类和昆虫等小型动物，偶尔也会以植物为食。

通常情况下，一个狼群由约七到十只狼组成。一头公狼担任首领，这头公狼会有一个固定的配偶，它们担负繁衍后代的责任，哺育幼狼是狼群共同的责任。

在产下幼狼之后，母狼一般需要在狼穴中呆上一段时间，以哺乳和保护幼狼。在这期间，公狼和其他的狼就会为母狼寻找食物，以此来保证母狼的身体健康和奶水充足。

但母狼是不允许家族的其他成员靠近幼狼的，公狼也是不例

外的。一旦它们靠近幼狼，母狼就会发出低沉的嚎叫表示愤怒，这表现了母狼对幼狼深切的母爱。其他的家庭成员们只是将觅得的食物放在洞口，以供母狼食用。

母狼短时离开巢穴的目的是饮水和排泄。如同母亲经常为婴儿换尿布和洗澡一样，母狼也经常用舌头舔拭幼狼的全身，为狼仔保持身体上的干净。

狼群

狼群就是一个集体的家庭，一般由一对成年狼和它们的后代组成。它们的亲族有时也会加入进来，随着一窝窝小狼崽的出生，逐渐扩大着狼群。第二年，这个狼群便会有6至9个成员了，狼崽会在狼群里一直待到成为成狼。长大以后就会离开家族去寻找自己的伴侣，然后开始组成另一个家族。这样，狼群就不会变得太大。

在食物较充足的时候，有些较大的狼崽也会和其父母一直生活下去。当食物一旦出现不足的情况时，大狼崽就会自行离开它的家庭。

狼的季节性活动

整个秋天、冬天和早春，狼都集体游荡、捕猎，味标自己的领地。随着小崽在晚春季节的出生，这些活动都会发生变化，小狼崽出生后，狼群的活动就开始以它们的窝为中心了，尽管成年狼还要出动捕食。

这时天气暖和了，小动物非常多，狼群分散捕食比较容易。如果狼在外感到孤独了，它们可以随时回到家中享受亲情。

狼的领地

在栖息地内，狼群要占领一片属于自己的领地，在这个区域内生活、捕猎。

领地的大小根据他们捕食对象的多少会产生很大的变化。区域的大小取决于这个地区的猎物数量。在猎物分布较密集的地

方，狼会比较容易捕获猎物。在较荒凉的栖息地，由于猎物很少，狼则需要在很远的地方才能猎得食物。

幼狼

狼的怀孕期是63天，北方幼狼一般在4月末或5月初出生，而南方幼狼却在3月中旬之前出生。一般，狼每胎可生5头~6头，最多可生11头。

刚出生的狼崽只有3千克~4千克，25厘米~33厘米。毛很短但茸乎乎的，呈深褐色或蓝灰色。刚降生的小狼仔是听不见也看不见的，因为它们的耳朵是叠在前额上的。在这段时间里幼狼要全靠狼妈妈喂食和取暖。

竞争

狼的一生是非常辛苦的。生活在广阔的野外，为了生存，狼就必须经常与其他的狼争夺食物和领地。捕猎是不易成功而且难度非常大的，一无所获也是经常发生的事。

研究表明，狼成功捕获猎物的成功率只有7%到10%。一旦捕猎成功，狼还必须警惕其他想不劳而获的动物的突然袭击。这些动物还经常袭击、捕杀狼的幼崽。狼要时时刻刻警惕着四周，以免受到侵袭。最后，狼还必须与人类竞争，人类对于狼的安全生存的威胁是巨大的。

分布范围

狼在世界上的分布十分广泛，但当前狼的分布区较以前缩小了很多，尤其是在北美和西欧。狼在我国分布于除台湾、海南岛及其他一些岛屿外的各个省区，但目前主要分布在东北、内蒙以及西藏等人口密度较小的地区。

不论是在多陌生的环境，狼都有很强的适应力。可栖息范围包括苔原、草原、森林、荒漠、农田等多种生境。

海拔的高度对狼的分布也不会产生限制，在青藏高原，狼的分布很广泛，密度也较大。

在温带的草原地区，如蒙古草原（包括蒙古国的东方省、肯特省，中国的内蒙古自治区呼盟和锡盟）狼的分布也是比较广泛

的。狼喜欢在人类干扰少、食物丰富、有一定的隐蔽条件的环境中生活。在我国华北、华中、华南各省份，狼的活动仅限于山区环境、不适应于人类开发的狭小的环境内。在黑龙江、吉林、辽宁等省，狼的分布也仅限于山区。

延　伸　阅　读

公狼和母狼在寻找伴侣中相遇，就会很可能组成一个它们自己的 "狼家"。如果它们相互都很喜欢，便会以摇尾巴，撞鼻子的方式向对方发出求爱信号，然后依偎在一起表示同意。这种特别的方式称为定亲。定亲活动可发生在一年当中的任何时候。

鱼类洄游的秘密

鱼的嗅觉器官

人和高等哺乳动物是依靠鼻子来辨别气味的，而鱼却不一样。鱼类的嗅觉器官和味觉器官，都长在嘴巴周围和唇边上。

有些鱼的同类器官分布在鳍上或鱼皮上，在这些地方有一种纺锤状的细胞。这些细胞是一种感受器，能从周围的水中接受各种信息。

鱼类在水中运动，大体上可分为两种：一种是没有一定规律的，如临时躲避敌害的袭击，追逐俘获物，或其他偶然性的运动等。这类运动有时连续发生，有时则很长时间没有出现，移动的

距离或持续时间一般较短，而且没有一定的方向和周期性，因而被称为"不定向移动"。

另一种则相反。它的运动是有目的性的，时间和距离相当长，有一定路线和方向，而且在一年或若干年中的某一时间，某些环境条件下，做周期性的重复，因而形成了所谓"定向移动"，这就是通常所说的洄游。

大马哈鱼洄游现象

在海洋中度过青少年时期的大马哈鱼，到了性成熟的时候，就成群游向河口，并以一昼夜四五十千米的速度，逆水而行，到离海洋数百千米的河流上游产卵。

它们在洄游途中，不思饮食，只顾前进，遇到浅滩峡谷、急流瀑布也不退却。有时为了跃过障碍，竟碰死于石壁上。到达目的地后，因长途跋涉，体内脂肪损耗殆尽，憔悴不堪。

绝大多数大马哈鱼在射精及产卵后就死去，不能看护自己的后代。受精卵在河水中发育成小鱼后，顺水而下，回到海水生活四五年之后，又沿着父母经过的路线，回到河流的上游产卵。

鳗鱼洄游现象

生活在江河中的鳗鱼，却与大马哈鱼相反，它们长大以后要在海洋中产卵。鳗鱼在繁殖季节也有勇往直前的精神，当它们遇到河道阻塞，无法前进的时候，会不顾死活地离开水面，沿着潮湿的草地，翻越重重障碍，奔赴大海。

鳗鱼在完成繁殖后代的使命之后，有的累死了，有的同子女一道回到故乡。

在许多情况下，洄游的鱼类是成群结队的。例如黑海里的鳀鱼就是著名的例子。

成群结队的海鸥，常因饱食了拥挤在海面的鳀鱼而不能飞翔，有时鱼群大量游来，竟使海湾淤塞。一百年前，巴拉克拉夫海港，曾因大量鳀鱼拥进，挤得水泄不通，大量的鱼因而闷死腐

烂，臭气弥漫，竟然成灾，成了世界奇闻。

鲑鱼洄游现象

鲑鱼是一种非常著名的溯河洄游鱼类，是一种相当奇妙的鱼类，出生于淡水的河流，却在成长期游入大海，在咸水的环境中长大、觅食，等到产卵期时却又跋涉几千千米，再一次回到淡水环境的故乡生出下一代，如此循环不已，生生不息。

在西雅图东方的鲑鱼产育中心，来自几千千米外的鲑鱼努力地溯游而上，与急湍而下的水流搏斗，偶尔一个腾跃，身长可达0.6米的大鲑鱼"刷"的一声跃上一米高的鱼梯，充满了动感之美。

在大自然中，鲑鱼的伴侣亲子关系是很令人动容的，在秋日的产育中心里，我们看见许多长相狰狞的奇怪鲑鱼，原来在长达几千千米的溯游过程中，鲑鱼会遇上千奇百怪的天敌，因此为了吓跑敌人，雄鲑鱼会在这段期间长出狰狞的下巴尖刺，尽职地护卫母鲑鱼。

而等到它们完成产卵责任时，便会满身伤痕地力尽而死，而沉在水中的身躯，便是日后出生的小鲑鱼的食料，小鲑鱼成长后再流入大海，等到产卵期再次回来，如此世世代代，绵延下去。

洄游的原因

究竟什么原因促使鱼类作这样的洄游呢？首先是受到外界条件的影响。

鱼类和其他动物一样，它的活动受到温度的影响。由于鱼类在水中生活，除了温度，水流和盐度等对鱼类的洄游都有影响。

水流对鱼类的洄游，特别是对幼鱼的洄游起着重要作用。因为对幼鱼来说，它们缺乏必要的运动能力，不能与强大的水流作斗争，因而只能完全被水流所"挟持"，随着水流而移动。许多成鱼的洄游，在很大程度上也受水流所左右。

是什么因素引导着鱼类，游向它们的家乡呢？根据研究，是它们家乡溪流中水的成分和水的气味。

它们家乡的土壤、植物和动物持有的气味溶解在河水之中后，成为引导鱼类回游的"路标"，在这中间，鱼类的嗅觉起了至关重要的作用。

至于鱼类如何在海中寻找到它们熟悉的江口，从而循气味游向家乡，这仍然是一个未解之谜。

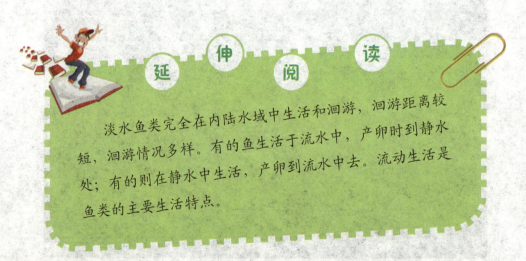

延 伸 阅 读

淡水鱼类完全在内陆水域中生活和洄游，洄游距离较短，洄游情况多样。有的鱼生活于流水中，产卵时到静水处；有的则在静水中生活，产卵到流水中去。流动生活是鱼类的主要生活特点。

蝙蝠之谜

大量捕食之因

蝙蝠是一种能飞翔的哺乳类动物。每当夜幕降临的时候，空旷寂静的山坳间、崖洞内、湖塘上，成群的蝙蝠舒展灰黑色的肉翼灵巧翻飞，穿屋越脊觅食蚊蝇飞虫。

蝙蝠捕捉蚊虫的效率惊人。它们从秋天开始冬眠，直至来年春天才苏醒。因此，它们必须捕食成千上万的蚊虫，以便使体内积蓄足够的脂肪，才能保证冬眠时的消耗。

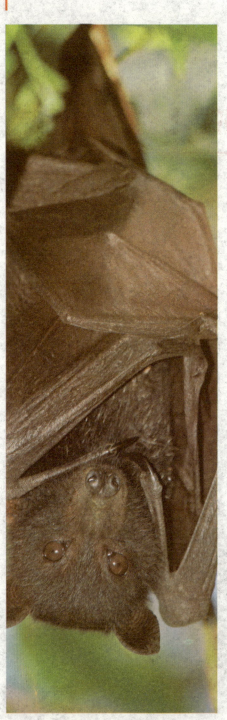

不靠眼睛捕食

究竟怎样在能见度较差的黄昏，捕捉到如此多的蚊虫呢？18世纪意大利生物学家、天主教士斯帕朗扎尼，试图解开这个谜。他抓了一只蝙蝠，用蜡封住它的双眼，然后把它放走。那只被蜡封住双眼的蝙蝠，居然若无其事地飞上天空捕捉蚊虫。这证明它根本不借助眼睛。

依靠回声捕食

那么，蝙蝠是用嗅觉捕食吗？斯帕朗扎尼又用蜡封住蝙蝠的鼻子，然后放飞，蝙蝠照旧不受影响。斯帕朗扎尼又假设蝙蝠靠听觉去捕食，于是又用蜡把蝙蝠的耳朵堵上进行试验。只见它在空中盲目地飞行，可怜地东碰西撞，最后掉落地面。设想被证实了。

斯帕朗扎尼将自己的发现，写信告诉法国大名鼎鼎的动物学家居维叶。居维叶看了信后朗声大笑，不无讥讽地说："这个用耳朵看东西的动物故事，到底是怎么一回事？斯帕朗扎尼教士最好还是去做他的弥撒……"

此后几十年，再无人提及此事。直至18世纪后期，法国物理学家朗之万发现声呐，才又对蝙蝠进行观察研究。最终才明白，蝙蝠飞行时，能发出一种人耳听不到的超声波。超声波与飞虫相遇后，反射回来经耳道传入大脑，大脑对回声进行分析对比，迅速判断出飞虫位置，随后蝙蝠便以迅雷不及掩耳之势将飞虫吞食。解开这个谜后，人们对蝙蝠的认识还是很有限，它的特殊习性又引起人们的好奇。

蝙蝠识别方向之谜

法国洞穴专家卡斯特雷在西班牙的岩洞中，发现了一种随季节迁徙的巨型蝙蝠——灰顶飞狐。这种蝙蝠寻找家乡的本领，也是受其声呐系统指挥的吗？卡斯特雷从洞中捉了10多只蝙蝠，系上环形标志，装入藤条箱里准备将它们带到几百千米外放飞，目

的是观察它们是飞回岩洞，还是待在原地惊慌失措。于是，卡斯特雷将藤条箱运到火车上。火车徐徐开动了，藤条箱里的蝙蝠一动不动，仿佛死了一般。完全出于偶然，那条铁路从卡斯特雷捕获蝙蝠的那个岩洞附近经过。当火车行至距岩洞最近的地方时，箱内的蝙蝠全醒了过来，它们开始"咻咻"啼叫，喧闹不已……

蝙蝠如何知道火车正在经过自己的家呢？它们是看不到外界景象的，它们的声呐系统在飞速行驶的火车上，也无法辨别外界的地形构造。

那么，是靠嗅觉吗？可蝙蝠不是靠嗅觉来识别方向的。那又是靠什么呢？各国科学家在苦苦思索，试图早日解开这个谜。

冬眠蝙蝠集体死亡之谜

2009年3月26日，美国科学家在该国最大的蝙蝠栖息地阿地伦达克地区发现，原本处于冬眠期的蝙蝠突然集体醒来，并在白天在冰天雪地中飞行，所有这些醒来的蝙蝠最后都离奇死去。

科学家担心在蝙蝠种群内部发生了传染病或者是中毒事件，但更为具体详尽的结论尚不得而知。

蝙蝠只在夜间活动，并且一到冬天，它们便进入冬眠状态。这些蝙蝠的异常举动，让生物学家非常担心，根据他们的说法，如果不能及时找出其中原因，这有可能导致该地区甚至是整个美国的蝙蝠死亡殆尽。

在一个冬天里，纽约州四处蝙蝠栖息地中有90%以上蝙蝠死亡。生物学家担心接下来纽约州15个主要的蝙蝠栖息洞穴都将面临同样的灾难，同样也包括马萨诸塞州的一些蝙蝠栖息地。

通过对死亡蝙蝠尸体进行观察发现，这些蝙蝠都非常瘦弱，并且在已经死亡的蝙蝠肢体上发现一些白色菌点。目前科学家还无法确认这些蝙蝠是因为何种原因死亡。

蝙蝠唾液的妙用

墨西哥国立自治大学的一个科学家小组发表一份研究报告说，一种叫口蝠的蝙蝠唾液能够溶解血栓。因此，它可以用于治

疗心肌梗死以及脑血栓。这种蝙蝠的唾液，没有副作用，其中含有一种可以溶解人类血栓的蛋白质，如果把它用来治理心脏病，血液循环会立即恢复正常。这可以使一位突发心肌梗死患者，在短时间内恢复正常。

　　由于蝙蝠是狂犬病的携带者，若提制蝙蝠唾液，必须制定安全措施。另外蝙蝠唾液还要进行处理，因为蝙蝠唾液中的纤维强蛋白溶酶原含量很高，不宜直接用于治疗。

延　伸　阅　读

　　在泰国曼谷市郊山区有一个蝙蝠洞，里面住着4千万只蝙蝠，每天傍晚至第二天清晨外出觅食时，在空中排成了一条延绵几十千米的"灰色长龙"，情景极为壮观。成为世界奇景之一，吸引了不少游客。

候鸟迁徙的秘密

鸟类迁徙的现象

鸟类为了生存，夏天的时候在纬度较高的温带地区繁殖，冬天的时候则在纬度较低的热带地区过冬。夏末秋初的时候这些鸟类由繁殖地往南迁移到渡冬地，而在春天的时候，由渡冬地北返回到繁殖地。人们把鸟类的这种移居活动，叫做迁徙。

当然并不是所有的鸟类都要进行迁徙，一部分鸟会常年居住在出生地，甚至终身不离开自己的巢区。有些鸟则会进行不定向和短距离的迁移。

迁徙中的鸟一般会结成群体，在迁飞时有固定的队形。一般有人字形、一字形和封闭群。一字形队又分为纵一字和横一字形两类。

这种方式的结群中，鸟类之间是有相互关系的，有的群体具有一定的社会结构。

迁飞中，保持一定的队形可以有效地利用气流，减少迁徙中的体力消耗。

鸟类迁徙的原因

那为什么有的鸟类会有迁徙现象呢？

有的科学家认为，远在十几万年前，地球上曾出现过多次冰川期。冰川来临时，北半球广大地区冰天雪地，鸟类找不到食物，只好飞到温暖的地方。后来冰川逐渐融化，并向北方退却，许多鸟类又飞回来。由于冰川周期性的来临和退却，就形成了鸟类迁徙的习性。

有的科学家认为，鸟类迁徙的根本原因，是受体内一种物质的周期性刺激。

这种刺激物质可能是性激素。有时候，由于这种物质刺激导致的迁徙本能，可能超越母性的本能。因此，在这些鸟类中往往可以看到，当迁徙季节来临时，雌雄双亲便抛弃刚出生的小鸟而远走他乡。

也有的科学家用生物钟来解释鸟类迁徙现象。

而现在，人们普遍认为，鸟类的迁徙与外界环境条件的变化，和它自己内在生理的变化有着密切的关系。

候鸟迁徙省能源

还有一个困惑人们的问题就是，鸟类迁徙中的"能源"问题。鸟类在迁徙过程中，一般要飞行几千千米甚至上万千米，中途几乎都不休息。

它们是怎样来完成这样艰苦旅行的呢？

　　有人认为鸟是把脂肪作为能源来利用。它们在准备长途迁徙之前，就大量进食，以便贮藏大量脂肪，供飞行之用。

　　但鸟一般体积都比较小，它怎么可能贮存那么多的脂肪，来供自己长途飞行呢？

　　有人曾对鹬做过观察，发现它从加拿大的拉布拉多半岛飞往南美洲，行程大约3850千米，其体重只减轻了0.056千克。如果能把鸟类在飞行中节约能源的秘密揭开，那对人类的贡献将是不可估量的。

候鸟迁徙如何识途

　　候鸟迁徙的路线一般都比较远，可它们不但可以准确地返回故乡，还能毫无差错地找到旧巢。

　　这是怎么回事呢？

　　有人认为，它们是靠着对所行路线地形地物的观察、熟悉和记忆，来确定回飞路线的。这种说法可以解释短距离飞行，却无法解释其远距离的复杂飞行。

有人发现在鸽子眼睛的上方，有一块磁性物质。经研究，鸽子是靠它与地球磁场产生联系来辨别方向的。但并不是所有候鸟都有这种磁性物质，这不能解释全部候鸟识途定向的问题。

有人分析，候鸟白天飞行大概是靠着太阳来辨别方向，晚上飞行是靠着星辰来辨别方向。

有人曾做过这样的实验，他们把正在飞行的候鸟装在笼子里，用镜子把太阳光反射入笼，并不断变换反射方向，鸟便随着光线的变动飞行。这说明它是靠着太阳来辨别方向的。

但夜晚怎么办呢？

还有人做过实验。他们把鸟放在天文馆里，播放夜间的天象。当天顶出现北欧秋天的星座时，鸟就把头转向东南；当出现巴尔干天空的星座时，鸟便将头转向南方；当出现北非夜空时，鸟便朝正南飞。

看来，候鸟靠星辰识途定向是一种比较有说服力的观点。当然，这还不是最后的结论。

企鹅识途之谜

科学家们在南极发现，那里的企鹅每到冬季就出海，到没结冰的地方以捕鱼为生；等春天到来的时候，它们又长途跋涉，回到自己的故乡，并且准确无误。

这一段距离足有几百千米，甚至数千千米。要知道，南极洲是一片茫茫雪原和冰川，没有任何标记可供企鹅识记。

这使科学家们困惑了。企鹅这种独特的识途能力，向科学家们提出了挑战。

为解开企鹅识途之谜，各国的动物学家纷纷奔赴南极进行研究和观察。

科学家的实验

科学家们做了各种各样的试验。有人在远离企鹅故乡几百千米以外的地方，将一只只企鹅分别放进洞穴里，然后在上面盖上盖子。过了一段时间，企鹅从洞里出来了。

起初，那几只企鹅不知所措地徘徊了一阵，随后就不约而同地把头转向它们的故乡所在的方向。

经过多次观察，科学家们初步认定，企鹅识途与太阳有关，而与周围环境无关。它们体内的指南针，是以太阳来定向。

但是，企鹅要想用太阳来定向，它就必须具备与太阳相配合的体内时针，以便能从某一特定时刻的太阳位置，来推定出哪儿是它们的家乡。

可是，企鹅体内的时针是什么？它又是怎样与太阳相配合的？这些人们一时还说不清楚。

鸟类迁徙的经度定位仍是未解之谜

莺莺等鸟类能够寻找回1000千米以外的原始迁徙路线，这种迁徙导航功能令科学家们惊奇不已。

一份刊登在《现代生物学》杂志上的科研结果表明鸟类确有

巡航功能。它们可能至少有两个相当于地理纬度、经度的方位参照纬度。

很多相关研究已有充分证明：除了其他重要因素外，鸟类迁徙过程的确利用了地磁信息。

研究人员表明，欧亚大陆的苇莺可以确定经度方位，具有双维度导航功能。这个奇妙功能为人类研究鸟类迁徙提供了一个新的挑战。究竟是什么指引鸟类确定东西方向的经度定位？目前还没有答案。

延 伸 阅 读

不同鸟类迁徙时间各自不同，大型鸟类以及猛禽由于体形较大或由于性情凶猛，天敌很少，常常在白昼迁徙，夜间休息。但是更多的候鸟，包括体形较小的食谷鸟类、涉禽、雁鸭类等，则多选择夜间迁徙。